CONFÉRENCE

SUR LA

NAVIGATION AÉRIENNE

ΑΕΙ Ο ΘΕΟΣ ΓΕΩΜΕΤΡΕΙ

CONFÉRENCE

SUR LA

NAVIGATION AÉRIENNE

FAITE

Par M. le Commandant Ch. RENARD

DANS LA SÉANCE PUBLIQUE ANNUELLE

DU 8 AVRIL 1886.

PARIS,

GAUTHIER-VILLARS, IMPRIMEUR-LIBRAIRE

DU BUREAU DES LONGITUDES, DE L'ÉCOLE POLYTECHNIQUE

DES COMPTES RENDUS DE L'ACADÉMIE DES SCIENCES,

Quai des Augustins, 55.

1886

CONFÉRENCE

SUR LA

NAVIGATION AÉRIENNE

Mesdames,
Messieurs,

Lorsque, le 5 juin 1783, Joseph Montgolfier laissa monter vers le ciel l'humble sphère de papier qui a rendu son nom immortel, cette expérience en apparence insignifiante eut un immense retentissement. Tout ce qui pensait alors, tout ce qui constituait l'aristocratie de l'intelligence, du talent, du pouvoir, comprit qu'il venait de se produire un événement considérable, et que l'humanité, dans sa marche incessante vers le progrès, venait de franchir une nouvelle et décisive étape.

Aussi, contrairement à l'usage, voyons-nous l'heureux inventeur rassasié de gloire et comblé d'honneurs dès le lendemain de sa découverte. En peu de jours, son nom fut connu de l'Europe entière; chacun voulut répéter son expérience, et cinq mois après la mémorable ascension d'Annonay, Pilatre des Rosiers et le marquis d'Arlandes exécutaient à Paris le premier voyage aérien qui eût été entrepris par des hommes.

Par une coïncidence qui n'est pas sans précédent dans l'histoire des sciences, peu de temps avant la découverte de Montgolfier, un élément nouveau, l'hydrogène, venait d'être découvert et isolé par Cavendish. Frappés de l'extraordinaire légèreté de ce gaz, plusieurs physiciens éminents avaient essayé d'utiliser cette propriété pour élever dans l'air de petits appareils.

Mais ces tentatives avaient échoué, et un obstacle misérable en apparence avait arrêté les efforts des physiciens, qui n'avaient pu trouver aucune enveloppe à la fois assez légère et assez imperméable pour retenir l'hydrogène et s'élever avec lui au sein de l'atmosphère ('). »

C'est encore dans notre pays que la découverte de Montgolfier devait se compléter par celle du ballon à gaz. Pour réussir, il suffisait de faire grand; il fallait sortir du laboratoire et construire des appareils assez volumineux pour que le poids de leur enveloppe devînt négligeable par rapport à la force d'ascension du gaz qu'elles renfermaient.

Eut-on jamais pensé à construire de grandes sphères à gaz sans Montgolfier et ses grands ballons à air chaud, il est permis de le croire; mais ce qui est certain c'est que les premiers constructeurs de ballons à hydrogène, Faujas de Saint-Fond et le physicien Charles, ne s'occupèrent de cette question qu'en raison du succès de l'appareil de Montgolfier dont l'aérostat à gaz hydrogène n'est qu'un perfectionnement.

C'est donc à Joseph Montgolfier et à son frère Étienne qu'il faut rapporter toute la gloire de l'invention des aérostats, et c'est à notre pays que revient l'honneur d'avoir donné à l'humanité un champ d'activité nouveau, d'avoir, comme on l'a dit, fait la conquête de l'air, conquête sublime qui se complètera peu à peu et qui est

---

(') **A Londres, T. Cavallo** avait échoué dans des tentatives de ce genre et n'avait réussi à élever dans l'air que des bulles de savon pleines d'hydrogène.

appelée dans un avenir prochain à révolutionner le globe.

La science n'a pas de patrie, et nous n'insisterions pas autant sur la part qui revient à la France dans la découverte des aérostats, si depuis quelques années, il ne s'était produit contre nous un mouvement d'opinion qui ne tendrait à rien moins qu'à nous représenter comme un peuple en décadence. Ce n'est pas dans cette enceinte qu'une telle opinion trouvera un accueil favorable, ce n'est pas à quelques pas de ce laboratoire de la rue d'Ulm vers lequel tant de malheureux de toutes les parties du monde dirigent leurs regards avec la dévotion du musulman qui se tourne vers la Mecque, ce n'est pas ici certainement que l'on croira à la décadence scientifique d'une nation qui a produit les Pascal, les d'Alembert, les Arago, les Ampère, les Fresnel, les Chevreul et les Pasteur.

Quoi qu'il en soit, au moment de la découverte des Montgolfier, on ne croyait pas le moins du monde à la décadence de notre pays, et l'invention des aérostats exalta au plus haut point l'enthousiasme patriotique de la nation. Comme toujours, on alla trop loin, et il se produisit bientôt dans les esprits une réaction violente contre la nouvelle invention. On avait comparé le navire aérien au navire maritime; on s'était dit avec une apparence de raison : la navigation fut trouvée le jour où l'un de nos ancêtres eut l'idée de poser le pied sur un tronc d'arbre flottant. La moindre palette a suffi pour transformer en navire cet appareil élémentaire, la moindre rame suffira pour faire progresser dans l'air le ballon de Mongolfier. C'est en vain que quelques esprits timides parce qu'ils étaient plus instruits, frappés de la vitesse énorme des courants aériens, osèrent élever des doutes sur la possibilité de diriger les aérostats, l'opinion n'en tint aucun compte, et il fallut les insuccès répétés des tentatives qui ont suivi l'apparition des ballons pour que l'on comprît enfin les difficultés du problème.

On douta donc bientôt, plus tard on nia tout à fait, et jusqu'en ces dernières années, la direction des aérostats fut réputée impossible et rangée dans le casier des utopies, à côté de la pierre philosophale, de la recherche du mouvement perpétuel et de la quadrature du cercle.

S'occuper de diriger les ballons fut presque un déshonneur, et si quelques croyants songeaient encore à la conquête de l'air, ils n'osaient plus avouer publiquement leur folie.

Les brillantes et stériles expériences de Giffard, en 1852 et en 1855, ne firent qu'accentuer le discrédit dont les inventeurs de ballons dirigeables furent les victimes.

La patriotique tentative de Dupuy de Lôme pendant la guerre de 1870 ne reçut pas du public un meilleur accueil, et l'insuccès apparent de son essai de 1872 sembla compromettre à jamais l'avenir de la navigation aérienne.

On se disait en effet : « Là où a échoué Dupuy de Lôme, l'éminent ingénieur qui sut transformer nos flottes et réaliser une véritable révolution dans la navigation à vapeur, qui pourrait se flatter de réussir? » Et cette objection en apparence irréfutable, nous avons eu nous-même à la combattre.

« Pensez-vous donc faire mieux que Dupuy de Lôme? nous disait-on. Vous croyez-vous plus fort que Dupuy de Lôme ? »

Non certes, répondions-nous, mais nous sommes venus après lui et, tout en profitant de ses admirables travaux, nous pourrons les surpasser, car nous avons eu pour nous le temps, cet auxiliaire inconscient du chercheur.

Oui, le temps travaille avec l'inventeur et lui apporte chaque jour des éléments de succès nouveaux qui manquaient à ses devanciers, toutes les découvertes sont solidaires et, sans s'en douter, des myriades de modestes chercheurs, en perfectionnant dans un tout autre but l'outillage de la science et de l'industrie, ont rendu peu à peu abordable, possible et bientôt facile la solution du grand *problème* que Montgolfier nous a légué sans pouvoir songer à le résoudre, malgré tout son génie.

Sommes-nous donc à la veille de naviguer librement dans l'air, et l'heure si longtemps attendue va-t-elle bientôt sonner? Oui, certes, et selon toute probabilité, c'est dans la patrie des Montgolfier qu'elle sonnera tout d'abord, et c'est notre pays qui possèdera la première flotte de l'air.

Cette conviction que je possède et qui n'est pas le fruit d'un enthousiasme irréfléchi, mais d'une étude constante et approfondie, je voudrais aujourd'hui la communiquer à tous ceux qui m'écoutent, et pour cela, je voudrais que cet auditoire d'élite voulût bien oublier que celui qui parle a pris une part quelconque aux derniers essais si décisifs, dont il a à lui rendre compte.

La question est si haute que toute considération personnelle doit disparaître ici. Ce ne sont pas mes idées que je viens exposer, c'est la vérité que je veux m'efforcer de faire connaître.

Voyons donc ensemble où en est la navigation aérienne, voyons pourquoi, le lendemain de la découverte des Montgolfier, il était impossible de diriger les navires de l'air, voyons ensuite pourquoi cette impossibilité disparaît peu à peu aujourd'hui, et pourquoi il est permis de considérer comme prochaine la conquête définitive et complète de l'océan aérien.

I. — La bouée aérienne. Son instabilité.

On a souvent comparé à une bouée le ballon ordinaire tel qu'il est sorti des mains des Montgolfier et des Charles. La comparaison est juste jusqu'à un certain point. Cependant elle est plutôt injurieuse pour la bouée que pour le ballon, ainsi que nous allons essayer de le montrer.

Une bouée est un corps flottant, mais un corps sans âme qui suit aveuglément les caprices du moindre courant; il en est de même du ballon ordinaire, mais là s'arrête l'analogie.

Tandis que la bouée, si elle est soigneusement construite, peut flotter sur l'eau à peu près indéfiniment, l'aérostat ne peut se maintenir et flotter dans l'air que grâce à l'intervention continuelle de l'aéronaute.

Si donc l'aérostat peut être comparé à une bouée, c'est à une bouée instable nageant entre deux eaux et que la moindre cause accidentelle fait monter ou descendre. Pour transformer la bouée aérienne en navire aérien, ne faut-il pas, avant tout, lui donner la stabilité qui lui manque!

Oui, sans doute, mais à l'époque de l'invention des ballons ce problème était pratiquement insoluble, ainsi qu'on le verra quand nous aurons expliqué les causes de leur instabilité.

Considérons, pour cela, une bouée, mais supposons qu'au lieu d'être assez légère pour flotter à la surface de l'eau, elle soit lestée de façon à présenter exactement la densité de ce fluide.

Dans ces conditions, plaçons-la au sein de la mer, entre deux eaux, à une certaine distance de la surface du liquide; si les choses restent exactement dans l'état initial, notre bouée se maintiendra immobile au milieu du liquide sans monter ni descendre. Mais que son poids vienne accidentellement à augmenter, que des coquillages, par exemple, viennent s'y fixer, et notre appareil, devenu plus lourd que le liquide qu'il déplace, descendra peu à peu dans les profondeurs de l'Océan et il ne s'arrêtera qu'au fond de la mer, car l'eau, presque incompressible, possède une densité sensiblement la même à toutes les profondeurs, et le poids du liquide déplacé n'augmentera presque pas pendant la descente de l'appareil.

Si, au contraire, une cause accidentelle avait allégé la bouée, elle serait remontée pour les mêmes raisons jusqu'à la surface, ne trouvant au sein du liquide aucune position d'équilibre stable. C'est cette instabilité des corps entièrement immergés qui a empêché jusqu'ici la réalisation pratique des navires sous-marins.

Ces navires sont en effet exposés à s'enfoncer dans les profondeurs de l'océan pour peu qu'une légère voie d'eau ou toute autre cause vienne à les alourdir. Cependant les poissons sont outillés pour combattre efficacement cette instabilité, et ils le font inconsciemment en employant les puissants moyens mécaniques dont la nature les a pourvus.

Dans ces derniers temps, des moyens analogues ont permis de réaliser des navires sous-marins relativement stables, mais ces appareils sont encore bien imparfaits en comparaison des magnifiques navires flottants qui sillonnent toutes les mers. On voit donc que, si l'homme avait été condamné à ne naviguer qu'au moyen de bateaux sous-marins, la navigation maritime en serait encore à ses débuts et n'existerait qu'à l'état embryonnaire.

Eh bien, l'homme est condamné à ne naviguer dans

l'océan aérien qu'au moyen d'appareils entièrement immergés, le navire sous-marin navigue *entre deux eaux*, le navire aérien navigue *entre deux airs*, et l'instabilité du ballon est analogue à celle des bateaux plongeurs.

Cependant, dira-t-on, l'air n'est pas un fluide incompressible comme l'eau et sa densité diminue à mesure qu'on s'élève, une bouée aérienne déplace donc un poids d'air d'autant moindre qu'elle s'élève davantage, et quelle que soit sa force d'ascension initiale, cette force diminuera jusqu'à devenir nulle à une certaine hauteur à laquelle notre bouée s'arrêtera. Il en sera de même si un alourdissement accidentel vient à se produire, la bouée aérienne descendra d'abord et, rencontrant des couches d'air de plus en plus denses, s'allégera peu à peu jusqu'au moment où elle se trouvera de nouveau en équilibre.

Ce raisonnement paraît sans réplique et il le serait en effet, si l'on pouvait construire les ballons en tôle d'acier et les fermer hermétiquement, de manière à rendre leur volume invariable à toutes les hauteurs. Malheureusement il n'en est pas ainsi, les enveloppes des ballons doivent être librement ouvertes à leur partie inférieure. Si l'on ne prenait cette précaution, l'aérostat, en s'élevant dans l'air et en pénétrant ainsi dans des couches de plus en plus raréfiées, ne tarderait pas à se déchirer sous l'effort de la pression intérieure du gaz qui y est enfermé (¹).

Le ballon à poids et à volume constant qui serait parfaitement stable, n'est donc pas réalisable. Il faut se re-

______

(¹) Un ballon en soie Ponghée de 10ᵐ de diamètre complètement rempli et fermé au niveau de la mer éclaterait à 400ᵐ ou 500ᵐ d'altitude, et il suffit d'un allègement de 30ᵏˢ à 35ᵏˢ pour le porter à cette hauteur.

présenter un aérostat comme une poche remplie de gaz *en tout ou en partie*, obéissant librement aux variations de volume de ce gaz qui se contracte quand on redescend, qui se dilate quand on s'élève et qui s'échappe librement par une soupape de sûreté d'une sensibilité extrême, dès que cette dilatation est devenue impossible, c'est-à-dire dès que le ballon est entièrement plein.

Faisons abstraction pour le moment de cette dernière circonstance et examinons les conditions d'équilibre de notre aérostat dans l'état ordinaire, c'est-à-dire quand il est flasque et qu'il peut se dilater ou se contracter librement.

Dans ces conditions, l'air extérieur et le gaz sont constamment en équilibre de pression. Il en résulte que les densités de ces deux fluides sont constamment dans le même rapport.

Pour simplifier le raisonnement, si notre ballon flasque renferme 1^{kg} d'hydrogène commun ou industriel qui pèse 6 fois et demie moins que l'air atmosphérique, cette masse de gaz qui reste constante tant que le ballon est flasque, déplacera à toutes les hauteurs $6^{kg},500$ d'air et, en vertu du principe d'Archimède, tendra à s'élever avec une force de $5^{kg},500$, différence entre le poids de l'air déplacé et le poids de l'hydrogène.

Comme cette force est indépendante de la hauteur, on voit que si notre ballon est lesté de manière à être en équilibre à une certaine altitude, il conservera cet équilibre exact à toutes les autres, d'où il résulte, comme nous l'avons énoncé tout d'abord, qu'il partage absolument les propriétés de la bouée immergée dans l'océan et qu'il montera ou descendra indéfiniment sous l'influence du moindre allègement ou de la moindre surcharge. C'est le cas du bateau sous-marin, et on conçoit quelle difficulté on doit rencontrer quand on veut transformer en navire aérien un appareil qui est toujours prêt à osciller comme une balance folle (¹).

Mais dira-t-on, si ce raisonnement est exact, un ballon un peu plus léger que l'air au moment du départ va donc s'élever sans cesse et monter jusqu'aux astres. Je vais me hâter de vous rassurer, car qui voudrait s'embarquer jamais dans un aérostat avec cette perspective d'une excursion indéfinie dans les espaces interplanétaires ? Non, le ballon s'arrêtera, car notre raisonnement suppose que le gaz ne remplit pas entièrement son enveloppe ; or, comme il se dilate sans cesse pendant l'ascension, il arrivera bientôt un moment où l'enveloppe cessera d'être flasque et où l'hydrogène s'échappera libre-

---

(¹) On peut expliquer autrement l'instabilité des ballons flasques.

Plaçons au niveau de la mer 1^{mc} d'hydrogène commun dans un ballon de plusieurs mètres cubes de capacité et faisons abstraction du poids de l'enveloppe.

Le poids de ce mètre cube d'hydrogène est égal à 200^{gr}, le poids du mètre cube d'air à 1300^{gr}, la différence 1100^{gr} est la force ascensionnelle au niveau de la mer du mètre cube d'hydrogène, c'est aussi celle de notre ballon.

Transportons-nous maintenant à 5500^m de hauteur, c'est-à-dire dans une zône où la pression atmosphérique est réduite de moitié.

En vertu de la loi de Mariotte :

1° Notre hydrogène aura double de volume et nous en aurons 2^{mc} au lieu d'un ;

2° Le poids spécifique de l'air sera réduit à la moitié de sa valeur, soit à.. 650^{gr}

Le poids spécifique de l'hydrogène sera réduit à........ 100

et la force ascensionnelle spécifique à.................... 550^{gr} c'est à-dire à la moitié de sa valeur au niveau de la mer.

Nous avons ainsi un volume de gaz double, mais dont chaque mètre cube enlève deux fois moins, donc la force ascensionnelle totale est restée la même. Il est facile de voir que ce raisonnement s'applique à toutes les hauteurs, pourvu que le ballon soit flasque et que le gaz puisse se dilater ou se contracter librement dans son enveloppe.

ment par la soupape de sûreté dont nous avons parlé plus haut; dès lors, comme le poids du gaz léger renfermé dans le ballon va en diminuant, il en sera de même de la force ascensionnelle totale qui est dans un rapport constant avec lui (5 fois et demie dans le cas de l'hydrogène commun). Le mouvement s'enrayera donc et s'arrêtera bientôt.

Pour mieux le faire comprendre, prenons encore un exemple numérique, et puisque maintenant ce n'est plus le poids du gaz qui est constant mais son volume, considérons pour plus de simplicité un ballon de 1^{mc}, dans lequel nous plaçons 1^{mc} d'hydrogène commun.

Si nous sommes au niveau de la mer, le poids de ce mètre cube de gaz sera égal à 0^{kg},200, le poids du mètre cube d'air à 1^{kg},300, et la différence ou force ascensionnelle du mètre cube de gaz au niveau de la mer sera égale à 1^{kg},100.

Elevons-nous maintenant jusqu'à une hauteur où la pression atmosphérique soit réduite de moitié; en vertu de la loi de Mariotte, il en sera de même des poids précédents, et par conséquent de leur différence ou force ascensionnelle. A cette hauteur qui est égale à 5500^m environ, le gaz de notre ballon ne pourra plus enlever que 0^{kg},550.

Si donc nous l'avons lesté au niveau de la mer, de façon à lui laisser 0^{kg},550 de force ascensionnelle, il perdra complètement cette force en s'élevant à 5500^m d'altitude, c'est là qu'il s'arrêtera ou, si l'on veut, qu'il atteindra sa *zone d'équilibre*. D'une manière générale, un ballon rempli au niveau de la mer et que l'on délestera de $\frac{1}{10}$, $\frac{2}{10}$, $\frac{3}{10}$ de la force ascensionnelle totale de son gaz s'élèvera à une hauteur telle que la pression de l'atmosphère ait perdu $\frac{1}{10}$, $\frac{2}{10}$, $\frac{3}{10}$, etc., de sa valeur.

Il est intéressant de savoir à quelles hauteurs correspondent ces réductions dans la pression de l'air. Nous résumons ces résultats dans un tableau fort simple, dans lequel on voit aussi les poids dont il faudrait alléger un ballon plein de 1000^{mc} pour l'élever à diverses altitudes.

POIDS de lest jeté.	PRESSION de l'air en prenant pour unité la pression au niveau de la mer.	HAUTEUR correspondante.	OBSERVATIONS.
0^{mc}	1,0	0^m	La 3e colonne indique les hauteurs atteintes par un aérostat de 1000^{mc} rempli d'hydrogène industriel quand on le déleste des poids portés dans la première colonne. Il s'agit ici de hauteurs moyennes données à 50^m près, elles varient avec les circonstances atmosphériques.
110	0,9	800	
220	0,8	1800	
330	0,7	2900	
440	0,6	4100	
550	0,5	5500	
660	0,4	7300	
770	0,3	9600	
880	0,2	12 800	
990	0,1	18 300	
1100	0,0	Infinie.	

Ce tableau nous montre qu'un ballon *plein* s'élève d'autant plus haut qu'on le déleste davantage. La hauteur qu'il atteint ainsi se nomme sa zone d'équilibre. Entre cette zone d'équilibre et la terre, il est nécessairement *flasque*, et par conséquent instable, le moindre alourdissement le ramène à terre, le moindre allègement le ramène à sa zone d'équilibre. Or ces alourdissements et ces allègements sont continuels pendant les voyages aériens; l'intensité du rayonnement solaire, la nature du sol, l'humidité, la pluie, la neige, les fuites de gaz inévitables, et bien d'autres causes qu'il serait trop long d'énumérer modifient à chaque instant le délicat équilibre du navire aérien, qui ne peut être maintenu à une hauteur à peu près constante que par l'intervention continuelle de l'aéronaute.

Mais les moyens dont dispose celui-ci sont encore des

plus rudimentaires. Malgré des tentatives innombrables dont quelques unes sont fort ingénieuses, le seul moyen pratique de corriger les *variations accidentelles de la force ascensionnelle* des ballons consiste dans la projection du lest et dans la perte d'une certaine quantité de gaz. Ces moyens très efficaces ont un inconvénient qui saute aux yeux. Le lest jeté est bientôt épuisé, et l'aéronaute désarmé doit se résigner à attérir dès qu'un alourdissement accidentel se produit, ce qui ne tarde guère.

C'est là tout le secret de la brièveté des voyages aérostatiques, même de ceux qui sont entrepris avec des ballons parfaitement imperméables.

Ainsi donc, l'aérostat ne saurait être en aucune façon comparé à un navire flottant sur l'eau. C'est une bouée instable et qui, lors même qu'on pourrait la diriger, ne rendrait pas grand service, puisqu'elle ne peut flotter en l'air que quelques heures. Peut-on remédier aujourd'hui à cet inconvénient et combattre efficacement cette *instabilité en altitude*? Oui, sans doute, car nous possédons maintenant des moteurs puissants et légers qu'il suffira d'atteler à des hélices horizontales pour produire des poussées énergiques ascendantes ou descendantes que l'aéronaute dirigera dans le sens voulu pour maintenir son appareil en équilibre exact ([1]) ; mais ces moyens n'existaient pas à l'époque de l'invention des ballons. Nous rencontrons donc, dès le début de cette étude, un obstacle qui seul eût suffi pour rendre stériles les efforts des premiers aéronautes, mais nous allons voir que cet obstacle est bien peu de chose en comparaison de ceux dont nous allons parler et qui se rattachent plus direcment au sujet qui nous occupe.

([1]) C'est ce moyen qui est employé dans le bateau sous-marin Nordenfeld, récemment expérimenté avec succès.

II. — Le navire aérien dans l'air calme.
Ses ennemis du dedans.

Jusqu'ici nous n'avons considéré le ballon que comme un flotteur, et nous n'avons pas eu à nous occuper de sa forme. Maintenant il ne s'agit plus de la bouée sphérique que tout le monde connaît, mais d'*un navire aérien*, c'est-à-dire d'un appareil pourvu d'un moteur et d'un propulseur qui sera, si vous le voulez, une hélice ou des rames.

Mais, pour bien comprendre le fonctionnement de l'appareil, nous allons, procédant du simple au composé, supposer que l'air est complètement immobile au-dessus du sol, ce qu'on exprime en langage ordinaire en disant qu'il n'y a pas de vent.

Dans cet océan aérien ainsi figé, installons un ballon sphérique en équilibre parfait, plaçons y un rameur vigoureux armé de deux légers avirons en forme de raquettes. Avec un peu d'habitude, on peut concevoir que notre rameur saura ramener en avant ses raquettes en les présentant par la tranche de façon à ne pas détruire au retour l'effet produit pendant l'aller.

C'est d'ailleurs ce que fait un rameur dans un canot.

Il se produira dans l'air exactement ce qui se produit dans l'eau, et le ballon, malgré sa forme ronde, obéira dans une certaine mesure à l'effort des rames.

Mais on conçoit qu'il y obéirait bien mieux s'il affectait la forme allongée d'un bateau ou d'un poisson.

Il serait aussi absurde d'appliquer sa force à un ballon sphérique que de mettre un moteur à vapeur dans un baquet. De là l'idée très naturelle, pour mieux utiliser la force de notre rameur, de l'installer dans un aérostat allongé en forme de poisson ou de cigare. C'est la forme classique du ballon dirigeable, et *son invention n'appartient à personne.*

Presque aussitôt après l'apparition des ballons, des projets d'*aérostats allongés* furent rédigés et des tentatives furent faites pour les diriger dans l'air ; nous parlerons plus tard des plus importantes de ces tentatives. Considérons un aérostat de cette espèce taillé en forme de cigare et portant dans sa nacelle une équipe de rameurs. Si cette équipe met en mouvement ses rames ou ses hélices, tout le système va se porter en avant comme un canot ordinaire, et, si nous supposons que l'appareil possède en outre un gouvernail et un timonnier, il pourra se diriger de tous côtés et arriver au-dessus d'un point quelconque *du sol,* puisque nous avons supposé l'air parfaitement immobile et l'aérostat suspendu dans un océan aérien entièrement figé.

Ainsi donc, rien de plus simple en théorie que la navigation aérienne ; il suffit, pour faire un ballon dirigeable, de changer la forme de l'aérostat, de l'allonger et d'y installer des rameurs et un gouvernail, les rameurs pouvant d'ailleurs être remplacés par un moteur plus puissant sous le même poids, ce qui augmentera simplement la vitesse de marche sans rien changer au fonctionnement général du système.

Quant aux vitesses qu'on peut obtenir de cette façon dans l'air calme, le calcul et l'expérience démontrent qu'elles sont inférieures à celles des bateaux (¹). — Dans ses dernières expériences, le ballon de Meudon a fait, il est vrai, près de 6ᵐ,50 par seconde ou 13 nœuds, vitesse qui jusqu'en ces derniers temps était rarement dépassée par les bateaux à vapeur ordinaires, mais il fallut pour

(¹) En supposant, bien entendu qu'on emploie des moteurs analogues.

cela développer une force motrice plus énergique, toutes proportions gardées, que dans un bateau de même déplacement.

Quoi qu'il en soit, la vitesse de 13 nœuds est une vitesse dont les marins se sont fort bien contentés pendant longtemps, et on peut dire que dès à présent le grand problème serait résolu, si notre hypothèse était conforme à la réalité, c'est-à-dire si l'air était immobile au-dessus du sol.

Malheureusement, il n'en est rien, et nous verrons plus loin que c'est là que gît la grande difficulté du problème ; mais avant de parler de l'influence du vent, cet ennemi du dehors, nous devons faire connaître un ennemi du dedans, ennemi si redoutable pour les ballons dirigeables qu'il a failli causer la mort de Henri Giffard en 1855.

Cet ennemi n'est autre chose que l'*instabilité longitudinale* des ballons allongés, et il ne s'agit plus ici de ce genre d'instabilité dont nous avons parlé plus haut et qui fait sans cesse monter ou descendre les aérostats, quelle que soit leur forme ; il s'agit d'un genre nouveau d'instabilité qui fait osciller les ballons allongés d'avant en arrière et leur donne de violents mouvements de tangage.

Nous donnerons à ce nouveau phénomène le nom d'*instabilité longitudinale*.

Pour nous en rendre compte, imaginons avec Dupuy de Lôme que le ballon ayant atteint sa zone d'équilibre redescende un peu plus bas, le gaz qu'il renferme sera contracté et l'aérostat deviendra flasque. Dès lors, si nous supposons qu'il s'incline un peu vers l'avant, le gaz, qui tend à s'élever le plus possible, se précipitera vers l'arrière et sa force agissant plus près de la pointe postérieure tendra à la relever davantage, ou, en d'autres termes, à exagérer l'inclinaison produite. Si, par un moyen quelconque, l'aéronaute cherche à redresser son ballon et s'il dépasse un peu le but, c'est la pointe d'avant qui à son tour va recevoir tout le gaz, ce qui produira une inclinaison analogue à la première, mais en sens inverse.

En 1855, Henri Giffard, pendant sa descente dans un ballon très allongé, eut à subir des oscillations si violentes que l'aérostat au moment de toucher le sol s'échappa de son filet et, brisé par cet effort, alla retomber à quelque distance en deux fragments de grandeur inégale. Si cet accident était arrivé à une certaine hauteur au-dessus du sol, le courageux aéronaute aurait probablement perdu la vie. Ainsi donc, même en air calme, nous voyons surgir un nouvel ennemi des ballons dirigeables. Les premiers inventeurs ne paraissent pas en avoir soupçonné l'existence, Giffard faillit en être la victime, et c'est seulement aux beaux travaux de Dupuy de Lôme que nous devons les moyens rationnels de le combattre, du moins, dans les ballons médiocrement allongés.

Les moyens employés par l'éminent ingénieur sont au nombre de deux. Le premier consiste à maintenir l'étoffe constamment tendue, en remplaçant le gaz par de l'air quand le ballon est flasque; mais, comme il y avait un grand inconvénient à mélanger l'hydrogène à l'air, Dupuy de Lôme, reprenant en la simplifiant une disposition que le général Meusnier à la fin du siècle dernier avait imaginée dans un tout autre but, munit son aérostat d'une poche à air ou *ballonnet* placée à l'intérieur du ballon proprement dit. C'est dans cette poche qu'on insuffle l'air destiné à remplacer le gaz absent. Cette insufflation d'air a un double effet. Elle assure d'abord à l'aérostat une forme invariable et constamment tendue, ce qui lui permet de fendre l'air comme un corps solide ; en deuxième lieu, elle limite considérablement les déplacements possibles du gaz dans le sens de la longueur du ballon et contribue ainsi efficacement à la stabilité.

Le second moyen employé par Dupuy de Lôme consiste dans l'emploi d'une suspension particulière, qui relie invariablement le ballon à la nacelle et dont je ne puis me dispenser de dire quelques mots :

Représentons le ballon par la ligne AB et par P, un point de la nacelle. Relions le point P aux points A et B par deux cordes PA et PB, le voilà suspendu au ballon. Supposons maintenant que notre aérostat s'incline comme l'indique la figure 2, le triangle APB restera inva-

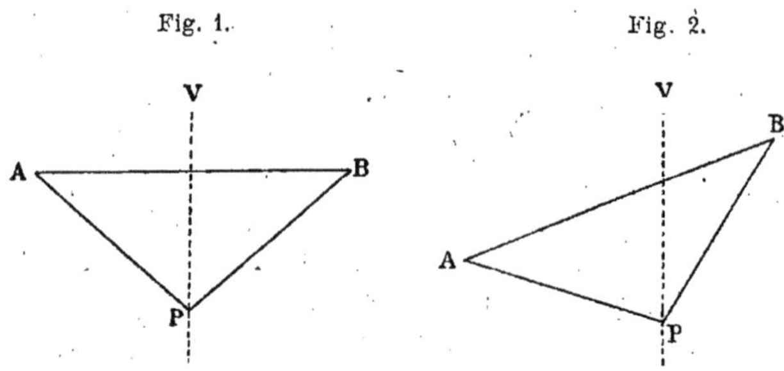

riable tant que la verticale PV du point P sera comprise dans l'angle APB ; cela est évident, car le point P ne peut se déplacer que pour obéir à la pesanteur, c'est-à-dire pour descendre, et il ne peut pas descendre sans tendre l'une ou l'autre des deux cordes ou toutes les deux à la fois. Voilà donc un mode de liaison qui tout en étant constitué par des cordages souples, possède la même rigidité entre certaines limites d'inclinaison, qu'une construction faite avec des barres de fer ou d'acier.

Considérons maintenant le ballon AB et la nacelle PQ ; si nous voulons relier invariablement ces deux corps, il suffira de relier séparément P et Q aux deux point A et B, ce qui se fera au moyen des quatre sus-

Fig. 3.

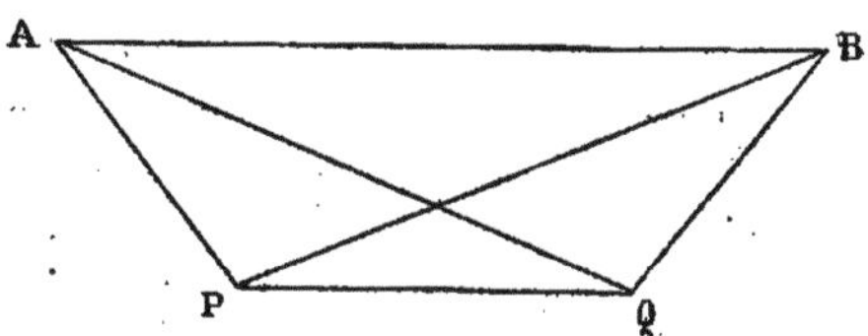

pentes AP, BP, AQ et BQ. On obtiendra ainsi un ensemble rigide par des procédés fort simples et sans employer autre chose que des cordages ordinaires.

Sans avoir besoin d'entrer dans de longues explications, on sent que cette rigidité du navire aérien doit

Fig. 4.

contribuer puissamment à lui donner la stabilité longitudinale, et qu'on éprouvera plus de résistance à incliner l'appareil de la *fig.* 3 que celui de la *fig.* 4 où les suspentes intérieures ont été supprimées. Ce mode de liaison auquel nous pouvons donner le nom de *suspension par réseaux triangulaires* doit être considéré comme le plus remarquable des perfectionnements introduits par Dupuy de Lôme dans la construction des ballons dirigeables.

Nous possédons déjà des notions assez nettes sur les navires aériens en air calme; nous voyons que, pour transformer le ballon ordinaire en ballon dirigeable, il faut, abstraction faite de la *stabilité en altitude :*

1º Donner à l'aérostat une forme allongée analogue à celle des bateaux;

2º Assurer la permanence de sa forme au moyen d'un ballonnet intérieur permettant de remplacer le gaz absent par de l'air atmosphérique;

3º Compléter la stabilité longitudinale déjà améliorée par le ballonnet, en reliant la nacelle au ballon par une suspension rigide à réseaux triangulaires;

4º Installer un propulseur de dimensions convenables et le commander par un moteur aussi énergique que possible relativement au faible poids qu'on peut lui consacrer.

5º Placer à l'arrière, comme dans les bateaux, un gouvernail permettant de changer la direction de la route.

Tel est, dans toute sa simplicité, le problème de la navigation aérienne en air calme. On voit par l'exposé qui précède que, contrairement à l'opinion générale, il ne s'agit pas ici d'un secret particulier, d'un procédé mystérieux qu'il suffise d'appliquer un beau matin pour voir tout à coup la bouée aérienne se transformer en navire. Non, il n'en est pas ainsi; les principes généraux de la navigation aérienne ne diffèrent pas de ceux de la navigation maritime à vapeur, et si la solution du problème est encore incomplète, si elle exige la création d'engins nouveaux, inconnus jusqu'ici à l'industrie, ce n'est pas à la nature particulière du milieu aérien qu'il faut l'attribuer, mais à une autre cause que nous ne pouvons ni supprimer, ni modifier, à un ennemi du dehors qu'il faut attaquer de front et combattre résolument. Cet ennemi, c'est le déplacement de l'air par rapport au sol, ou si l'on veut, le déplacement du sol par rapport à l'air auquel nous appartenons désormais, c'est le vent en un mot, le vent qui n'existe pas pour l'aéronaute en tant que force, qui ne trouble en rien l'équilibre de son navire aérien, mais qui fait fuir rapidement sous ses pieds la terre comme un radeau immense emportant au loin montagnes, rivières, villes et villages et le but même qu'il veut atteindre.

La navigation aérienne en air calme, si l'on nous permet cette comparaison, c'est le tir au posé, la navigation aérienne réelle, c'est le tir sur un but mobile, c'est le tir au vol.

III. — L'ennemi du dehors. — Le vent. — Son rôle dans la navigation aérienne.

Le rôle du vent dans la navigation aérienne est des plus simples, ce qui ne rend pas le problème plus facile d'ailleurs. Mais ce rôle a été généralement si mal compris que je vous demanderai la permission de le définir nettement avant d'aborder le récit des principales tentatives de direction aérienne.

Le vent qui, pour un observateur fixé au sol, se manifeste par *des efforts* qui ont fait employer les expressions de *violence, force du vent*, le vent en tant que *force* ou *violence* n'existe pas pour l'aéronaute. Il consiste en effet tout simplement en un déplacement qui, à un moment donné et dans les limites de la région actuellement parcourue par le ballon, peut être considéré comme rectiligne et uniforme.

Qu'un ballon soit retenu à la terre par une ou plusieurs cordes, il ressent alors comme tout ce qui tient au sol, la *violence, la force du vent,* violence ou force qui rend l'emploi des ballons captifs souvent dangereux et presque toujours incommode.

Mais, que l'aérostat soit enfin délivré de ses liens, qu'il s'élève librement au sein de l'air, son élément naturel, en quelques instants tout s'apaise; le calme le plus complet succède aux plus violentes secousses, l'aérostat emporté par l'ouragan semble plongé dans l'air calme, dans *l'océan figé* dont nous avons parlé plus haut. S'il était permis de fumer en ballon, la fumée d'une cigarette s'élèverait verticalement vers le ciel, pendant qu'à quelques centaines ou même quelques dizaines de mètres plus bas on verrait les arbres se courber sous l'effort de la tempête et sur la mer démontée les navires lutter péniblement contre les rafales. Cette vérité, que le raisonnement le plus simple fait comprendre facilement et que l'expérience de tous les voyages aériens démontre pour ainsi dire chaque jour, est le point de départ des notions qui vont suivre.

Le vent n'existe pas pour l'aéronaute, parce qu'il appartient à l'air et non au sol. Tout se passe donc pour le navire aérien, qu'il soit ou non dirigeable, comme si l'air était immobile. S'il est dirigeable, il pourra se déplacer dans cet air toujours calme dans tous les sens, comme si le vent n'existait pas; les sensations que l'aéronaute éprouvera seront les mêmes qu'en air calme; en avançant, il sentira *un vent* plus ou moins fort venant de l'avant et se dirigeant vers l'arrière du ballon, mais *ce vent* n'a aucun rapport avec celui qu'on observe à terre, il n'est que le résultat du déplacement du ballon dans l'air sous l'effort de son propulseur, et dès qu'on arrêtera celui-ci, le calme le plus absolu ne tardera pas à renaître.

Ainsi donc, le ballon appartient à l'air et n'a rien à craindre de lui ; s'il est armé d'un propulseur et d'un moteur, s'il est en un mot dirigeable, le vent ne change rien ni à la nature des efforts qu'il a à subir pendant la marche, ni à sa vitesse de déplacement par rapport à l'océan aérien dans lequel il baigne ; et tout se passe comme si l'air étant absolument immobile, la terre fuyait sous ses pieds avec une vitesse égale à celle du vent.

Cette notion bien établie, examinons l'influence de ce *déplacement du sol* et, pour être plus clair, employons un exemple particulier.

Une flotte aérienne plane au-dessus de Paris, elle se compose d'une douzaine d'avisos aériens et d'un vaisseau amiral. Cette flotte est pour le moment immobile dans l'air et toutes les machines sont stoppées. Le vent souffle de l'ouest avec une vitesse de 8^m par seconde, ou, ce qui revient au même, l'océan aérien étant supposé complètement immobilé, Paris, sa banlieue, la France entière sont emportés vers l'ouest avec une vitesse de 8^m ou de 29^{km} à l'heure.

A ce moment, du vaisseau amiral toujours immobile part un ordre. Les douze avisos s'éloignant du point de ralliement dans douze directions différentes doivent effectuer une reconnaissance. Les voilà qui s'élancent et qui font le vide autour du vaisseau amiral toujours immobile pour attendre leur retour. Supposons que leur vitesse de marche dans l'air soit égale à 6^m par seconde, soit 22^{km} à l'heure, au bout d'une heure, chacun d'eux sera à 22^{km} du vaisseau amiral ; en d'autres termes, ils seront répartis sur la circonférence d'un cercle de 22^{km} de rayon dont le navire immobile occupera le centre mathématique.

Voilà ce qui se passera *dans l'air*, voyons maintenant comment nos ballons sont disposés sur le sol.

Celui-ci aura fui vers l'ouest avec une vitesse de 29^{km} à l'heure, Paris qui était tout à l'heure sous la verticale de la flotte et du vaisseau amiral sera donc reporté à 29^{km} à l'ouest de ce navire aérien immobile. Au-dessous de lui une région nouvelle s'étendra, c'est la Marne, c'est la petite ville de Lagny, c'est elle qui est pour le moment le centre mathématique du cercle dont nous avons parlé, et nos douze avisos aériens sont actuellement sur la circonférence de ce cercle, dont Lagny est le centre et dont le rayon est de 22^{km}. Ainsi donc, le vent d'ouest de 29^{km} à l'heure n'a eu d'autre effet que de déplacer de 29^{km} vers l'est, c'est-à-dire *sous le vent*, le cercle dont la circonférence est occupée par notre flottille et au centre de laquelle se tient toujours immobile le vaisseau amiral.

Le vent ne change donc rien aux positions relatives des navires de la flotte aérienne, il les déplace tous en bloc dans sa direction. Ce résultat si simple conduit à cet énoncé de la loi fondamentale des mouvements des ballons dirigeables par rapport au sol.

Pour un ballon dirigeable, l'ensemble des points abordables, ou si l'on veut le lieu géométrique des points abordables au bout d'une heure, est une circonférence décrite d'un point situé sous le vent du point de départ à une distance de ce point égale à la vitesse du vent, le rayon de cette circonférence étant d'ailleurs égale à la vitesse du ballon dans l'air ou vitesse propre (fig. 5).

Cette dernière vitesse est d'ailleurs indépendante de celle du vent, comme nous l'avons montré, elle ne dépend que de l'énergie du moteur, de la forme du ballon, de sa grandeur, en un mot, elle caractérise le ballon dirigeable et elle est la véritable mesure de sa valeur pratique.

Nous allons appliquer le théorème précédent à plusieurs cas.

La vitesse propre peut être inférieure, égale ou supérieure à celle du vent. Considérons d'abord le cas où elle lui est inférieure.

Fig. 5.

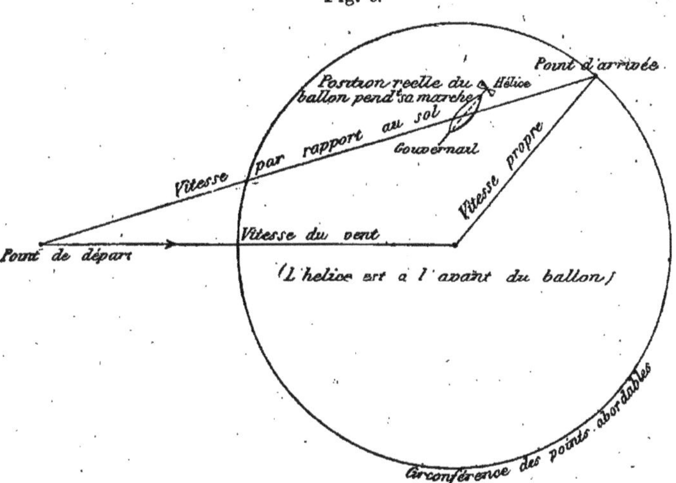

Soit P le point de départ (*fig.* 6). Prenons PP′ égal à la vitesse du vent V, du point P′ comme centre, avec la *vitesse propre v* comme rayon, décrivons la circonférence des points abordables au bout d'une heure ; comme v est plus petit que V, cette circonférence laissera le point de départ P à l'extérieur du cercle. Menons de ce point deux tangentes à cette circonférence, il est manifeste que le navire aérien partant de P ne pourra atteindre au bout d'une heure aucun point situé en dehors de l'angle T_1PT_2 formé par les deux tangentes. Au bout de deux heures, le centre de la circonférence abordable serait transporté en P″ à une distance égale à 2 V du point de départ et son rayon serait devenu $2\,v$. On en conclut facilement que les deux tangentes à la première circonférence sont aussi tangentes à la seconde, et qu'elles restent les limites infranchissables imposées à notre ballon au bout d'un temps quelconque. L'espace est donc partagé en deux régions, l'une abordable comprise entre les deux tangentes PT_1 et PT_2, et l'autre inabordable placée à l'inté-

Fig. 6.

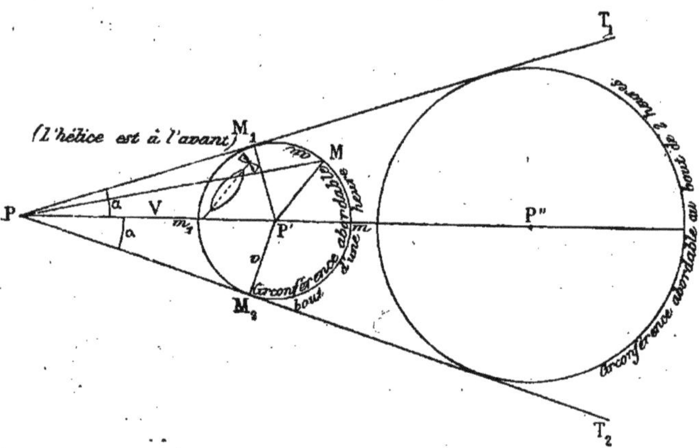

rieur de ces deux lignes. L'angle T_1PT_2 s'appelle par cette raison *l'angle abordable*.

Pour aboutir en M sur la circonférence des points abordables au bout d'une heure, il a fallu diriger le navire parallèlement à la ligne $P'M$. $P'M$ est donc la direction du ballon dans l'air ou direction du cap.

PM est la direction vraie sur le sol, cette ligne représente le chemin réel parcouru en une heure. On voit qu'il a pour valeur maxima Pm égal à la somme des deux vitesses, et pour valeur minima Pm_1 égal à leur différence. Dans le premier cas, la direction du cap se confond avec celle du vent, elle lui est directement opposée dans le second. La *déviation maxima* est obtenue quand la ligne

PM est tangente à la circonférence. Dans ce cas, comme on le voit en M_1 et M_2, la direction du cap est perpendiculaire à la route réelle.

L'angle P'PM$_1$ s'appelle *angle de déviation maxima*, si on le désigne par α il est donné par la formule très simple

$$\sin \alpha = \frac{v}{V}$$

L'angle abordable est le double de l'angle de déviation maxima.

— Si maintenant nous considérons le cas où la vitesse propre est égale à celle du vent, nous voyons que la cir-

Fig. 7.

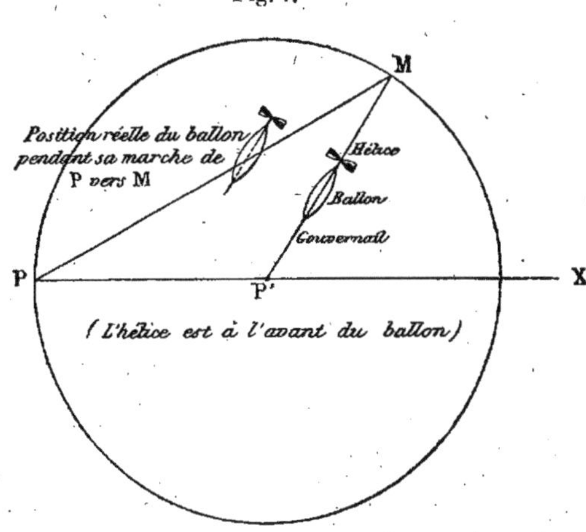

conférence des points abordables passe par le point de départ P (*fig. 7*). Les deux tangentes se confondent en une seule. L'angle de déviation maxima est égal à un angle droit. L'angle abordable est donc égal à deux droits et la moitié de l'horizon est ouverte à l'aérostat. Si PM est la direction réelle à suivre, P'M est la direction du cap, la déviation P'PM est la moitié de l'angle MP'X du cap avec le vent, l'angle du cap avec la route réelle a la même valeur, enfin la vitesse maxima est égale au double de celle du vent, et la vitesse minima est nulle.

Enfin si la vitesse propre v est supérieure à la vitesse du vent V (*fig.* 8), le point de départ P est à l'intérieur de la circonférence abordable et le ballon peut atteindre tous les points de l'horizon.

Fig. 8.

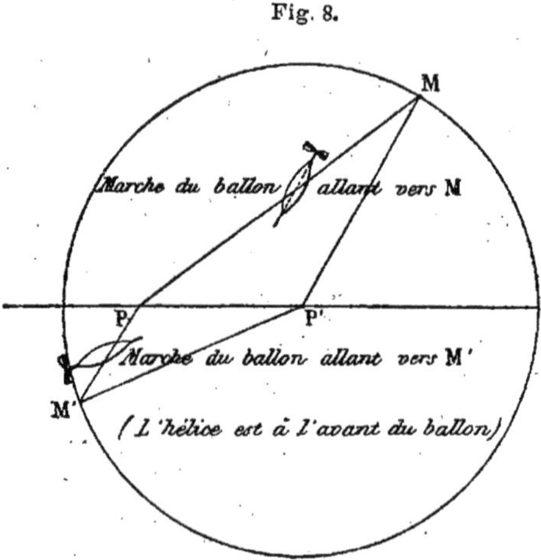

Si **PM** est la direction réelle à suivre, P'M sera comme toujours la direction du cap, la vitesse maxima sera atteinte quand cette direction se confondra avec celle du vent, elle sera égale à la somme des deux vitesses V et v. On obtiendra la vitesse minima en tournant le cap à l'opposé du vent, et cette vitesse sera égale à $v - $ V, elle sera dirigée en sens inverse du courant aérien que le ballon pourra cette fois remonter.

Cette analyse géométrique fort simple fait justice de bien des erreurs dont la plus répandue est la suivante :

Est-il nécessaire, dit-on, d'avoir une vitesse supérieure à celle du vent pour le remonter, ne peut-on pas, en louvoyant comme les navires à voiles, gagner sur le vent avec une vitesse plus faible.

Nous venons de voir que cela est impossible, puisque, quelle que soit la direction du cap, le navire aérien ne peut franchir les côtés de l'angle abordable. En obliquant son cap, il ne ferait que reculer plus vite, et la meilleure manière de ralentir le recul est de faire face directement au vent.

Ainsi donc, la condition sine quâ non *d'une direction complète dans tous les sens est que la vitesse propre soit supérieure à celle du vent.*

C'est là évidemment une condition purement relative. Un ballon réalisant les conditions que nous avons énoncées en faisant la théorie de la navigation en air calme, sera dirigeable certains jours et ne le sera pas certains autres, et cela, quelle que soit sa vitesse propre.

Il sera d'autant plus souvent dirigeable que sa vitesse sera plus grande.

Enfin, pour qu'il mérite véritablement le nom de *ballon dirigeable*, il faudra que sa vitesse propre soit supérieure à celle des vents habituels de la région où l'on opère. Pour préciser cette dernière condition, il faut connaître le degré de fréquence des vents d'une vitesse donnée. On a fait à Chalais des mesures régulières de la vitesse de l'air au moyen d'un anémomètre enregistreur situé au-dessus du plateau de Chatillon et élevé en outre au sommet d'un mât de 28^m de hauteur. Voici le résultat de ces mesures au point de vue de la fréquence des vents et en ne considérant que leur vitesse.

VITESSE DU VENT		PROBABILITÉ en millièmes d'avoir un vent d'une vitesse plus faible que les nombres inscrits dans les colonnes précédentes.	OBSERVATIONS.
en mètres par seconde.	en kilomètres à l'heure.		
2^m,50	9^{on}	109	D'après la 3e colonne, la probabilité d'avoir un vent inférieur à 40^m par seconde, ou 144 kilomètres à l'heure est égale à 1000 millièmes. Cependant, exceptionnelle- ment, on a observé des vents plus rapides. Sur 11049 heures d'observations, on a constaté une fois un vent de 162 kilomètres à l'heure, deux fois un vent de 153 ki- lomètres, et neuf fois un vent de 144 kilomètres ; ce sont des ouragans du sud-ouest, qui déracinent les arbres et endommagent les toitures.
5 ,00	18	323	
7 ,50	27	543	
10 ,00	36	708	
12 ,50	45	815	
15 ,00	54	886	
17 ,50	63	937	
20 ,00	72	963	
22 ,50	81	978	
25 ,00	90	986	
27 ,50	99	991	
30 ,00	108	995	
32 ,50	117	996	
35 ,00	126	998	
37 ,50	135	999	
40 ,00	144	1000	
42 ,50	153	1000	
45 ,00	162	1000	

D'après ce tableau, un ballon dirigeable ayant une vitesse propre de 12^m,50 par seconde, pourrait évoluer dans tous les sens 815 fois sur 1000 et il pourrait remon- ter le vent avec une vitesse de 2^m,50 par seconde au mi- nimum, 708 fois sur 1000.

Dans ces conditions, il rendrait évidemment de grands services et permettrait le libre transport par air dans la plupart des circonstances.

Prenant ceci comme une définition, nous pouvons énoncer le résultat suivant : La conquête de l'air sera chose pratiquement résolue le jour où l'on aura cons- truit un ballon dirigeable ayant une vitesse propre de 12^m,50 par seconde (45^{km} à l'heure) et pouvant soutenir cette vitesse pendant toute une journée, c'est-à-dire pendant dix à douze heures.

Nous voilà bien loin des conceptions vagues qui forment le fonds ordinaire des raisonnements du plus grand nombre sur cette délicate matière. Nous voyons déjà que le problème sera résolu *par le progrès continu des moteurs et par la diminution des résistances à la marche des ballons dans l'air.*

Tout inventeur qui perfectionne un moteur travaille inconsciemment pour nous, et la découverte finale sera, non l'œuvre d'un seul, mais l'œuvre de tous.

Cependant, au point où en sont les choses, elle sera surtout l'œuvre de celui ou de ceux qui trouveront le moyen de réaliser des moteurs beaucoup plus puissants sous un poids donné que ceux que nous avons aujourd'hui à notre disposition.

Ce n'est pas tout, et nous avons montré de notre mieux une partie des autres difficultés du problème, mais c'est toutefois un point capital et qui prime tous les autres.

IV. — Le ballon dirigeable dans l'histoire.
Résumé des principales tentatives de direction aérienne.

Il me reste à vous entretenir des tentatives qui ont été faites depuis l'invention des Montgolfier pour construire des ballons dirigeables.

Je me garderai bien de les énumérer toutes, nous n'en aurions pas le temps, et d'ailleurs les seules qui présentent de l'intérêt pour nous sont celles qui ont été conçues conformément aux principes rationnels que nous avons établis ensemble.

Or, ces tentatives rationnelles sont bien peu nombreuses.

Ballon du général Meusnier (¹). — La première et la plus remarquable est celle du général Meusnier.

Dès le lendemain de l'invention des ballons, Meusnier, alors simple lieutenant du génie, mais déjà membre de l'Académie des Sciences, fit une série de recherches sur les ballons et rédigea un projet de machine aérostatique dans lequel il expose avec une grande netteté les principes généraux de la navigation aérienne.

On ne pouvait songer à ce moment à d'autres moteurs que la force humaine, aussi le ballon de Meusnier est-il mu à bras d'hommes.

Sa forme générale est celle d'un ellipsoïde de révolution autour du grand axe de l'ellipse méridienne. Ce grand axe est d'ailleurs placé horizontalement. Cette forme ovoïde peu allongée (²) quoique préférable à la sphère est peu satisfaisante et elle offre bien plus de résistance que les formes aiguës ou en fuseau que nous verrons apparaître avec Giffard et qui paraissent devoir être définitivement adoptées.

Malgré cette imperfection, le projet de Meusnier est remarquable à plus d'un point de vue.

Il s'était préoccupé de maintenir au ballon une forme invariable et il espérait en outre pouvoir modifier la force ascensionnelle de son navire aérien en comprimant plus ou moins les fluides qui y étaient renfermés.

(¹) Meusnier était, au dire de Monge, son professeur « l'intelligence la plus extraordinaire qu'il eût jamais rencontrée. » A la suite de nombreux travaux sur l'aérostation naissante et sur d'autres sujets, il fut nommé membre de l'Académie des Sciences le 31 janvier 1784, à l'âge de vingt-neuf ans. M. le lieutenant de génie Létonné a rédigé sur le projet de ballon dirigeable de Meusnier une note très intéressante communiquée le 26 juillet 1886 à l'Académie par M. le colonel Perrier.

(²) Le ballon de Meusnier avait 260 pieds (84ᵐ,50) de longueur et 130 pieds (42ᵐ,25) de diamètre au milieu. Son volume était de 80,000ᵐᶜ.

Pour obtenir ce double résultat, il composait son appareil d'une enveloppe extérieure en étoffe très solide renforcée par des sangles. Dans cette enveloppe dite « de force » était placé le ballon à gaz en étoffe légère et imperméable. Ce ballon n'était jamais gonflé à refus et le volume de l'enveloppe extérieure était complété par de l'air que des soufflets devaient envoyer dans l'intervalle compris entre les deux parois.

Nous retrouvons donc ici à peu près le ballonnet de Dupuy de Lôme, mais il faut avouer que la solution de Meusnier est bien plus compliquée et conduit à un véritable gaspillage des poids disponibles. Enfin Meusnier espérait qu'en augmentant la pression intérieure de l'air dans son enveloppe de force, il pourrait augmenter ou diminuer assez le poids total du système pour combattre efficacement les *variations accidentelles de la force ascensionnelle*.

Cet espoir est absolument chimérique et aucun dispositif fondé sur ce principe ne peut réussir. Sans chercher à le démontrer ici, nous dirons seulement qu'on ne peut, sans *déchirer l'enveloppe*, y emmagasiner assez d'air pour parer aux variations de la force du ballon. La résistance des matériaux employés impose ici des limites très étroites dont Meusnier ne paraît pas s'être parfaitement rendu compte.

A côté de ce dispositif ingénieux, en apparaît un autre. Le propulseur proposé par Meusnier est une véritable hélice. Il se compose en effet de palettes frappant l'air obliquement et qu'il désigne sous le nom de *rames tournantes*.

Il est curieux de voir apparaître ici un propulseur qui ne devait être appliqué que beaucoup plus tard à la navigation maritime.

Le ballon de Meusnier n'a jamais été exécuté, mais son

3

travail n'en constitue pas moins un des plus remarquables et des plus rationnels qui aient été faits sur la matière. Son projet était d'ailleurs étudié dans le plus grand détail, et il nous a laissé un album et des mémoires du plus haut intérêt (¹).

Les ballons dirigeables de Henri Giffard. — Entre Meusnier dont le projet ne fut pas réalisé et Giffard qui eut l'audace de monter dans un aérostat allongé à vapeur, nous ne voyons aucune tentative qui mérite de fixer notre attention (²).

C'est en 1852 que l'ingénieux inventeur de l'*Injecteur* s'éleva pour la première fois dans les airs. Cette courageuse tentative ne réussit pas, mais on ne saurait s'en étonner beaucoup. Le fruit n'était pas mûr encore. Non seulement le moteur à vapeur du ballon de 1852 était insuffisant pour obtenir une vitesse démonstrative, mais le mode de suspension *non rigide* de la nacelle, l'absence d'un dispositif propre à assurer la *permanence de la forme de l'aérostat*, l'insuffisance du gouvernail étaient autant de causes, dont une seule aurait suffi pour faire échouer l'expérience ou pour la rendre dangereuse.

Giffard a, le premier, fait usage de ballons en forme de fuseaux terminés à leurs deux extrémités par une pointe aiguë.

Cette forme a été conservée par tous les successeurs de Giffard, et il ne paraît pas probable qu'on soit jamais conduit à l'abandonner.

Giffard fit une deuxième ascension en 1855, dans un

(¹) Voir la note déjà citée de M. le lieutenant Létonné.
(²) Giffard est surtout connu comme l'inventeur de l'injecteur d'alimentation qui porte son nom. Tout le monde connaît ce merveilleux appareil qui remplace les pompes alimentaires des chaudières à vapeur dans les locomotives et dans beaucoup d'autres machines.

assez grand aérostat (3,500^{mc}), elle faillit lui coûter la vie; nous avons raconté cet accident, dont l'instabilité du ballon pendant la descente fut la cause. Il semble que l'inventeur ait été découragé à la suite de cette seconde tentative qui lui avait fait entrevoir des difficultés imprévues, car il ne la renouvela pas. Quoiqu'il en soit, le nom de Henri Giffard appartient à l'histoire de la navigation aérienne, et dans ses remarquables expériences, on ne sait ce qu'on doit le plus louer de son courage personnel ou de la hardiesse de ses conceptions.

Le ballon de Dupuy de Lôme. — Il devait s'écouler vingt-cinq années avant qu'un nouveau pas fût fait vers la solution tant désirée, et, sans nos malheurs de 1870, il est probable que Dupuy de Lôme n'eût jamais songé à s'occuper de la direction des ballons.

L'illustre ingénieur était à Paris pendant le siège; à ce moment, les ballons libres ordinaires rendaient à la capitale des services qui ne seront jamais oubliés, mais ces ballons ne pouvaient revenir à Paris et les nouvelles de la province ne rentraient dans l'enceinte que sur l'aile des pigeons voyageurs. Dupuy de Lôme pensa qu'on pourrait tenter avec quelque succès le retour à Paris au moyen d'un aérostat dirigeable à faible vitesse propre.

Une vitesse de 2^{m},50 à 3^{m} par seconde lui parut suffisante pour rendre de réels services, à la condition de choisir pour le retour un vent favorable plaçant Paris dans *l'angle abordable*.

Le ballon fut entrepris, mais ne put être terminé avant la fin du siège. C'est en 1872 seulement qu'on l'expérimenta. Nous avons énuméré déjà quelques-uns des perfectionnements introduits par l'éminent ingénieur dans la construction des ballons dirigeables. Il n'avait pas eu le temps de s'occuper du moteur et avait dû se contenter de la force humaine, de là la faible vitesse obtenue (¹); mais il avait posé des principes dont il n'est pas permis de s'écarter et qui peuvent se résumer ainsi :

Permanence de la forme; rigidité de la suspension; suppression des filets et leur remplacement par un dispositif laissant à l'aérostat une forme lisse favorable au glissement dans l'air.

Mal installé dans le manège du *Fort-Neuf*, à Vincennes, obligé de partir par un mauvais temps, il ne put songer à lutter contre le vent, mais il exécuta quelques mesures de vitesse qui ont servi de base aux calculs établis par ses successeurs. Ces calculs n'ont pas été, il est vrai, exactement vérifiés par l'expérience dans ces derniers temps, mais il ne faut pas s'en étonner.

La question est si neuve et les mesures si peu nombreuses qu'une grande incertitude régnera longtemps encore sur les bases numériques du problème.

Le travail de Dupuy de Lôme n'en reste pas moins considérable, on peut même dire que son aérostat est le premier ballon dirigeable, rationnel, qui ait parcouru l'atmosphère. Les successeurs de l'éminent ingénieur puiseront à pleines mains dans les trésors de renseignements et de procédés ingénieux qu'il leur aura laissés; ils s'attacheront surtout à perfectionner les moteurs, à modifier certains organes accessoires, mais quoi qu'ils fassent, il y aura dans leur œuvre beaucoup de celle de Dupuy de Lôme.

(¹) 2ᵐ,80 environ par seconde, d'après le Mémoire de M. Dupuy de Lôme.

Expériences de M. Tissandier. — De 1872 à 1883, on ne peut enregistrer aucune tentative sérieuse de navigation aérienne. Un ingénieur allemand, Haenlein, construisit bien à Vienne un ballon dirigeable, mû par un moteur à gaz; mais ce ballon ne fit jamais d'ascension libre et on se contenta d'exécuter des essais pendant lesquels l'appareil était maintenu par des soldats à quelques mètres de la terre.

La tentative de M. Tissandier en 1883 offre un très grand intérêt.

Elle est pour ainsi dire la continuation des expériences de Dupuy de Lôme avec un moteur plus énergique.

Frappé des avantages de l'électricité comme source de force, M. Tissandier, après divers essais en petit, entreprit la construction d'un ballon de 1060^{mc} de capacité. Ce ballon fut muni d'un propulseur héliçoïde mis en mouvement par un moteur électrique actionné lui-même par une pile aux bichromates alcalins très ingénieusement combinée. Cette pile était notablement plus légère à force égale que les générateurs d'électricité (accumulateurs ou autres) employés avant lui.

Nous voyons donc apparaître ici pour la première fois, depuis Giffard, la préoccupation du moteur qui est, comme nous l'avons dit, la chose capitale.

L'essai de 1883 ne réussit pas très bien à cause du manque de rigidité du gouvernail, mais ce défaut fut corrigé l'année suivante, et, dans une ascension du 26 septembre 1884, M. Tissandier a pu évoluer convenablement et obtenir une vitesse supérieure à celle de ses devanciers. Cette vitesse ne lui suffit pas pour lui permettre de revenir à son point de départ; mais elle constitue certainement un progrès important par rapport aux essais antérieurs.

Le profil du ballon de M. Tissandier est symétrique,

c'est-à-dire aussi aigu à l'avant qu'à l'arrière, son acuité est un peu plus grande que celle du ballon de Dupuy de Lôme; comme dans ce dernier aérostat, le filet est remplacé par une housse ou chemise de suspension.

La nacelle à base carrée est formée d'une cage en bambou et osier placée assez bas, ce qui assure la stabilité dans certaines limites, malgré l'absence de ballonnet. Cette suppression du ballonnet serait d'ailleurs très dangereuse dans les ballons plus allongés qu'on est conduit à employer pour augmenter la vitesse de marche.

Telle est, en résumé, l'œuvre de M. Tissandier qui a eu le mérite d'appliquer le premier l'électricité à la navigation aérienne.

Le ballon dirigeable de Meudon. — J'arrive aux expériences entreprises à Meudon pour le compte de l'État, et je serai malheureusement obligé de laisser dans l'ombre bien des points intéressants. Les personnes qui m'écoutent sauront apprécier les motifs de cette discrétion, motifs sur lesquels il est convenable de ne pas appuyer.

L'établissement aérostatique de Chalais (Meudon) chargé par le Ministre de la guerre d'étudier les aérostats au point de vue de leur application à l'art militaire, s'occupa dès 1878 de leur direction (¹).

En 1880, le chef de cet établissement rédigea un premier projet actuellement déposé à l'Académie, projet qui fut modifié en 1881, époque à laquelle eut lieu l'expo-

(¹) Une première commission dite « des communications par voie aérienne » fut créée en 1874 pour étudier les ballons, la télégraphie optique, la poste aux pigeons et l'éclairage électrique des travaux de l'ennemi. Cette commission était présidée par M. le colonel du génie Laussedat, aujourd'hui directeur du Conservatoire des arts et métiers. C'est d'elle qu'est sorti l'établissement de Chalais maintenant détaché de l'ancienne commission et rattaché à l'état major-général.

sition d'électricité que tout le monde se rappelle encore. Les progrès des moteurs électriques, mis en évidence à cette remarquable exposition, nous conduisirent à modifier nos plans primitifs et à construire un premier ballon de dimensions restreintes, mu par l'électricité et destiné surtout à permettre l'exécution d'une brillante démonstration expérimentale de la direction aérienne.

Dans notre esprit, cette démonstration ne pouvait être complète que si le navire aérien, après avoir parcouru un chemin plus ou moins long, revenait atterrir à son point de départ. Ce résultat n'avait jamais pu être obtenu par nos prédécesseurs. Aussi leurs essais avaient-ils été considérés bien à tort, par la masse du public, comme des insuccès complets.

Nous avons de notre mieux fait justice de cette erreur ; mais quoi qu'il en soit on ne peut nier qu'un véhicule ne peut être considéré comme dirigeable que s'il peut se mouvoir dans tous les sens, et la meilleure manière de démontrer qu'il a cette propriété est de le ramener au point d'où il est parti, de lui faire parcourir en un mot un cycle fermé. Etant donné le découragement du public si souvent déçu, une expérience exécutée dans les conditions que nous venons d'indiquer était nécessaire, et il fallait la réussir du *premier coup*.

Restait à en trouver les moyens.

Les essais de nos prédécesseurs avaient échoué parce que la vitesse propre de leurs navires aériens était trop faible. Il fallait l'augmenter dans de fortes proportions. Or la chose était difficile. — On sait en effet que, pour doubler la vitesse d'un navire à vapeur, il faut multiplier par huit la force motrice de la machine ; d'une manière générale, le travail moteur par seconde ou la force dépensée est proportionnelle au cube des vitesses. Il en est de même dans l'air.

Or nous estimions que, pour assurer le succès de notre expérience, il fallait plus que doubler les vitesses obtenues par nos devanciers. Toutes choses égales d'ailleurs, il nous fallait donc des moteurs environ huit fois plus légers.

Considérant d'autre part que les premiers aérostats dirigeables éprouvaient de la part de l'air une trop grande résistance, en raison de leur forme trop massive, nous résolûmes de construire un navire aérien très allongé afin de diminuer cette résistance et d'augmenter dans les limites du possible la vitesse propre.

Ainsi nous étions conduits à deux impossibilités apparentes : alléger les moteurs connus dans une très forte proportion, construire des ballons très allongés sans compromettre leur stabilité.

Enfin il fallait améliorer certaines dispositions accessoires et, notamment, assurer l'efficacité du gouvernail, en lui donnant une position plus rationnelle et des mouvements plus précis que dans les appareils antérieurs.

Nous allons examiner maintenant comment ont été résolus ces différents problèmes.

Allègement des moteurs. — Le moteur employé dans le ballon de Chalais est une machine électro-dynamique actionnée par une pile spéciale.

La machine employée en 1884 est due à mon collaborateur, le capitaine Krebs ; elle appartient au type général des machines *Gramme*, mais elle a été combinée de façon à réaliser la plus grande force possible sur le moindre poids.

En 1885, on a substitué à ce moteur une machine un peu plus robuste combinée par M. Gramme, qui a bien voulu se mettre complètement à notre disposition pour ces recherches délicates.

Ces deux machines pesaient à peu près le même poids (100^{kg} environ) et pouvaient fournir facilement 8 chevaux vapeur évalués sur l'arbre moteur, ce qui met le poids du cheval à 12^{kg},5.

C'était là certainement un résultat très satisfaisant, mais la plus grande difficulté ne résidait pas dans le moteur proprement dit; elle était surtout dans le générateur d'électricité auquel il fallait demander de produire cette force de 8 chevaux pendant une durée qui ne pouvait être moindre que deux heures.

Or on ne disposait pour ce générateur que de 400 kilog. environ. Il fallait donc trouver une pile caractérisée par les chiffres suivants :

Poids par cheval considéré indépendamment de la durée de l'expérience...................... 50^{kg}

Poids par cheval et par heure................ 25^{kg}

Il n'existait en 1883 aucune pile primaire ou secondaire donnant une pareille quantité d'énergie totale et pouvant la dépenser aussi rapidement. Je fus assez heureux pour en trouver une.

Dès 1883, un modèle de ballon dirigeable de 60^{mc} environ de capacité put être pourvu d'un appareil moteur de 1/2 cheval. La machine, du poids de 10^{kg}, avait été construite par le capitaine Krebs, elle était actionnée par une pile de mon système pesant 25^{kg} et pouvant développer au besoin 2/3 de cheval pendant une heure un quart.

La vitesse obtenue au moyen de ce modèle fut environ de 4^m,50 par seconde. C'était un excellent résultat pour un modèle aussi réduit, et le succès de cette expérience nous donna le meilleur espoir pour l'avenir.

C'est à la suite de ces essais préliminaires que l'on entreprit la construction de la grande pile de 8 chevaux et du moteur électro-dynamique destiné à en utiliser l'énergie. Il est intéressant, pour se rendre compte du progrès réalisé, de comparer les constantes mécaniques de notre pile avec celles des accumulateurs dont on nous avait d'abord conseillé l'emploi et qui jouissaient alors d'une grande faveur. J'ai comparé aussi, dans le tableau suivant, ma pile avec celle de M. Tissandier et avec la force humaine employée par Dupuy de Lôme.

	POIDS TOTAL.	FORCE MAXIMA en chevaux de 75ᵏᵍ sur l'arbre.	DURÉE.	POIDS par cheval indépendamment de la durée (¹)		POIDS par cheval et par heure (¹)	
				réel	en prenant le poids de la pile Renard par unité.	réel	en prenant le poids de la pile Renard par unité.
PILE RENARD.	400ᵏ	9,00	1ʰ45ᵐ	44ᵏᵍ	1,0	25ᵏᵍ	1,0
ACCUMULATEURS (moyenne pratique des meilleurs appareils).	»	»	4,00	300	6,7	75ᵏᵍ	3,0
PILE TISSANDIER.	225	1,33	2,30	170	3,8	68ᵏᵍ	2,7
FORCE HUMAINE (les 8 hommes employés par Dupuy de Lôme.)	600	0,65	3,00	900	20,3	300ᵏᵍ	12,0

Ainsi, en ne considérant que la force motrice sans se préoccuper de la durée d'action, la pile de Chalais est environ quatre fois plus légère que la pile de M. Tissandier, sept fois plus que les accumulateurs et vingt fois plus que la force humaine.

Si maintenant l'on tient compte de la durée d'action, et si l'on compare les poids des sources de force du tableau précédent, en les rapportant à une même quantité de travail total, qui sera si l'on veut celle d'un cheval

(¹) Il s'agit du travail réellement disponible par l'arbre de la machine.

vapeur pendant une heure, on voit que la pile de Meudon est à peu près trois fois plus légère que les accumulateurs et la pile de M. Tissandier, et douze fois plus légère que la force humaine.

Telle est la mesure du progrès accompli à Meudon, en ce qui concerne les moteurs électriques, les autres moteurs ayant été rejetés en raison des difficultés de toute nature qu'ils présentent pour l'exécution d'essais où il faut avant tout chercher à employer des mécanismes aussi simples que possible (¹).

Diminution des résistances à la marche par l'allongement du ballon. — Nous avons dit que les ballons allongés ont une instabilité longitudinale qui en rend l'emploi fort dangereux, et nous avons raconté l'accident arrivé en 1855 à Henri Giffard, qui eut l'audace de s'embarquer dans la nacelle d'un ballon de 10ᵐ de diamètre sur 70ᵐ de longueur et qui faillit se tuer à la descente, par suite de l'exagération des mouvements de tangage.

Les ballons de Dupuy de Lôme et de M. Tissandier étaient beaucoup moins allongés que ceux de Giffard, aussi leur stabilité ne laissait-elle rien à désirer, mais, par contre, la résistance de l'air relativement au poids disponible pour le moteur était nécessairement plus considérable.

Nous nous sommes proposés à Meudon de revenir à peu près à l'allongement de Giffard, sans compromettre la stabilité du ballon. L'aérostat *La France* a 8ᵐ,40 de

---

(¹) En raison de la presque impossibilité de condenser la vapeur à bord des navires aériens, une machine à vapeur construite dans les plus grandes conditions de légèreté n'aurait pas permis d'emporter une plus grande quantité d'énergie totale que le moteur et la pile employés. Dans ces conditions, l'avantage est évidemment à l'électricité, qui donne du premier coup le mouvement de rotation et supprime le danger du feu.

diamètre et 50^m,40 de longueur. Cette dernière dimension est donc égale à six fois la première. Pour éviter le renversement d'un semblable appareil, les procédés que nous avons indiqués et qui sont dus à Dupuy de Lôme, n'auraient pas suffi. Nous dûmes les compléter par des dispositifs spéciaux qu'il m'est impossible de faire connaître ici, mais dont l'efficacité absolue a été démontrée par le résultat de nos ascensions.

Il nous paraît intéressant de comparer entre eux, au point de vue de l'allongement, les principaux ballons dirigeables et de donner en même temps, pour chacun d'eux, la valeur de la force motrice comparée à la surface résistante qui constitue l'obstacle à vaincre, le ballon le plus rapide, toutes choses égales d'ailleurs, étant celui qui possède la plus grande force motrice par unité de surface résistante.

Cette comparaison est faite dans le tableau suivant :

	DIAMÈTRE.	LONGUEUR.	ALLONGEMENT ou rapport de la longueur au diamètre.	FORCE MOTRICE TOTALE en chevaux.	SECTION TRANSVERSALE, en mètres carrés.	FORCE MOTRICE par 100^m de surface transversale		
						Absolue en chevaux	rapportée au cas du ballon de	
							Dupuy de Lôme.	G. Tissandier.
Giffard (1855).	10^m	70^m	7,00	3,00	78,5	3,82	10,0	1,9
Dupuy de Lôme (1872).	14,84	36,12	2,43	0,65	172,0	0,38	1,0	0,19
G. Tissandier (1883).	9,20	28 »	3,04	1,33	66,5	2,00	5,3	1,0
Chalais, Ballon « la France » (1884).	8,40	50,40	6,00	9,00	55,4	16,25	42,7	8,1

On voit que si l'on prend pour terme de comparaison le ballon de Dupuy de Lôme, celui de M. Tissandier pour une même résistance transversale possède cinq fois, celui de Giffard dix fois et celui de Meudon quarante-trois fois plus de force motrice.

Par rapport au ballon de M. Tissandier, la force motrice du ballon de Meudon, pour une même section transversale, est à peu près huit fois plus grande.

Comme les vitesses sont proportionnelles aux racines cubiques des forces motrices rapportées à une même section transversale, on peut conclure de ce rapprochement que la vitesse du ballon de Meudon doit être double de celle du ballon de M. Tissandier, et c'est ce que l'expérience a très sensiblement vérifié.

Quoiqu'il en soit, en ce qui concerne les moyens employés pour accroître la vitesse des ballons, on peut dire que l'aérostat de Meudon est caractérisé par rapport à ses devanciers immédiats par les progrès suivants :

Appareil moteur quatre fois plus léger. Allongement double ne compromettant pas la stabilité, grâce à l'emploi de moyens spéciaux.

Force motrice par unité de surface résistante huit fois plus grande.

En dehors de ces améliorations dont l'importance prime toutes les autres, le ballon de Meudon est caractérisé par diverses dispositions nouvelles qui se rapportent à la forme générale de l'enveloppe de l'aérostat, au mode de construction de la nacelle et du gouvernail, au mode d'installation de ce dernier appareil, à la position de l'hélice, etc. Ces dispositions que je ne puis décrire en détail contribuent toutes, dans une certaine mesure, à améliorer les conditions de marche du ballon de Meudon, à lui donner la *stabilité de route* qui laissait généralement à désirer dans les appareils précédents, à en faire en un mot un véritable navire, se déplaçant en bloc dans l'air comme un tout solide et obéissant immédiatement aux moindres indications de son gouvernail.

Expériences exécutées avec le ballon de Meudon. — J'arrive aux expériences exécutées en 1884 et en 1885 avec cet appareil.

La première eut lieu le 9 août 1884, par un temps très calme. Le ballon n'emportait que deux aéronautes, le capitaine Krebs et moi. Nous avions peu d'ambition et nous voulions seulement faire une excursion fermée de quelques kilomètres.

Bien que nous n'ayons pas osé employer ce jour là toute notre force motrice, le résultat dépassa nos espérances. Dès que nous eûmes atteint la hauteur des plateaux boisés qui environnent le vallon de Chalais, nous mîmes l'hélice en mouvement et nous eûmes la satisfaction de voir le ballon obéir immédiatement et suivre facilement toutes les indications du gouvernail. Nous sentîmes que nous étions absolument maîtres de notre direction, et que nous pouvions parcourir l'atmosphère dans tous les sens aussi facilement qu'un canot à vapeur peut évoluer sur l'eau calme d'un lac. Néanmoins nous avions hâte de rentrer au port. Il nous semblait si extraordinaire de nous diriger librement dans l'air que nous craignions de nous faire illusion et que nous éprouvions le besoin de nous donner à nous-mêmes la démonstration pratique que nous avions préparée pour les autres.

Aussi, après avoir atteint Villacoublay, effectuâmes-nous notre virage et dirigeâmes-nous notre cap sur cette pelouse de départ sur laquelle nous voulions redescendre, malgré les écueils dont elle est entourée. (¹)

(¹) Cette pelouse de 75ᵐ sur 150ᵐ environ est environnée d'arbres, de bâtiments élevés et bordée d'un côté par un étang de 3 hectares.

Bientôt nous la vîmes se rapprocher de nous, les murs du parc de Chalais furent de nouveau franchis et notre port d'atterrissage apparut à nos pieds, à 300 mètres au-dessous de notre nacelle.

L'hélice fut alors ralentie, et un coup de soupape détermina la descente, pendant qu'à l'aide du propulseur et du gouvernail, le ballon était maintenu sur la verticale du point où nous attendaient nos aides. — Tout se passa suivant nos prévisions, et la nacelle vint se poser doucement sur la pelouse d'où elle était partie.

Telle fut cette première ascension, où l'on vit pour la première fois un ballon véritablement dirigé, évoluer librement dans l'air et revenir à son point de départ.

L'importance de cette première démonstration expérimentale fut comprise de tout le monde, et la timide expérience du 9 août 1884 eut plus de retentissement que les essais ultérieurs, exécutés cependant dans des conditions moins favorables et pendant lesquels le ballon parcourut un plus grand espace.

Pour ne pas fatiguer votre attention que je n'ai déjà que trop mise à l'épreuve, je dirai peu de chose de ces essais dont je rappellerai seulement les circonstances principales.

En 1884, on en exécuta trois autres ; le 12 septembre, en présence du ministre de la guerre (¹), le ballon *La France* partit par une brise de l'est bien formée de 6ᵐ de vitesse environ par seconde. Il réussit à lui résister, et peut être serait-il rentré à Chalais, sans une avarie de machine qui le désempara.

C'était un accident sans importance, on éprouva néanmoins le besoin d'effacer l'impression mauvaise qu'il avait pu produire. Le 8 novembre, le ballon emportant toutes ses piles s'éleva par un fort beau temps et fut di-

(¹) M. le général Campenon.

rigé vers Boulogne. Après avoir traversé la Seine au pont de Billancourt, il fut ramené facilement à Chalais comme la première fois. Pendant ce voyage, la vitesse atteinte fut égale à 6ᵐ par seconde.

Dans l'après midi, le ballon fit une nouvelle sortie, mais le brouillard nous empêcha de nous éloigner de Chalais et nous nous contentâmes d'évoluer, autour du parc sans le perdre de vue. L'atterrissage se fit, comme les premières fois, sur la pelouse des départs.

Pendant ces diverses ascensions, le ballon fut constamment monté par les mêmes aéronautes, le capitaine Krebs et moi ; notre attention était continuellement absorbée par les manœuvres et nous ne pûmes pas exécuter de mesures précises de vitesse. Nous nous contentâmes de compter les tours d'hélice et de mesurer les intensités et les tensions des courants employés à produire la force. Ces chiffres me permirent plus tard de calculer assez exactement nos vitesses par comparaison avec celles que j'ai pu mesurer en 1885.

A la suite de ces premiers essais, je sentis le besoin d'emporter un aéronaute de plus, afin d'exécuter plus facilement les mesures ; je modifiai pour alléger le ballon diverses parties de l'appareil et j'installai dans la nacelle un moteur de M. Gramme très léger et très robuste, construit pour nous par l'éminent ingénieur électricien et qui fut soumis à des épreuves à outrance pendant plusieurs semaines. Les essais furent repris au mois d'août et septembre 1885.

Le 25 août, on essaya la machine dans une première sortie où le vent trop rapide empêcha le retour à Chalais. Malgré cet échec apparent, l'expérience du 25 août fut très utile et montra l'efficacité du nouveau mécanisme moteur qui fonctionna avec la plus grande régularité.

J'étais accompagné dans cette excursion par mon frère, le capitaine Paul Renard, chargé de la manœuvre verticale duballon pendant que je m'occupais de la direction horizontale.

Le 22 septembre, par un vent N.-N.-E. de 4ᵐ par seconde, le ballon monté par le capitaine Paul Renard, par M. Duté-Poitevin, aéronaute civil de l'établissement de Chalais, et par moi, partit du lieu ordinaire de nos expériences et se dirigea sur Paris, en tenant directement tête au vent. On fit usage de toute la force motrice et, malgré le vent contraire, l'aérostat eut bientôt gagné la Seine, puis Boulogne et le Point-du-Jour. Après avoir franchi les fortifications, il fut ramené à Chalais qu'il atteignit très rapidement, favorisé cette fois par le courant aérien. Onze minutes nous suffirent pour parcourir au retour un chemin qui nous avait coûté à l'aller 47 minutes d'efforts.

Le lendemain, l'expérience fut reprise devant le ministre de la guerre (¹). Cette fois le vent nous portait vers Paris, l'itinéraire fut à peu près le même et on profita de ce voyage pour compléter les mesures de vitesse exécutées la veille.

Pendant ces deux dernières ascensions, j'avais conservé la manœuvre du gouvernail et de la machine, le capitaine Paul Renard était chargé des mesures de la vitesse et de la force motrice, ainsi que des observations de toute nature, M. Duté-Poitevin s'occupait des mouvements verticaux de l'aérostat.

Depuis cette époque, le ballon *La France* n'a pas exécuté de nouvelles sorties. On travaille en ce moment à diverses améliorations destinées à augmenter encore la force des machines et la vitesse disponible.

(¹) M. le général Campenon.

En somme, notre aérostat, qui n'était qu'un appareil de démonstration, nous a permis d'atteindre le but que nous nous étions proposé. Cinq fois sur sept il est revenu à son point de départ, atteignant le 22 et le 23 septembre une vitesse propre de 6^m,50 par seconde ou de 23^{km},400 à l'heure (¹), vitesse sensiblement double de celles qu'on avait réalisées avant nous et correspondant à une force motrice huit fois plus grande à égalité de surface résistante.

Telle est la mesure du progrès que nous avons pu réaliser ; il suffit maintenant de faire un nouveau pas en avant, de doubler encore une fois cette vitesse de 6^m,50 pour avoir résolu complètement le problème de la navigation aérienne par ballon. C'est l'œuvre que nous poursuivons aujourd'hui et qui, selon toutes les vraisemblances, sera très prochainement accomplie.

Avant de terminer cette conférence, je tiens à dire quelques mots des appareils de vol mécanique, désignés souvent sous le nom d'appareils *plus lourds que l'air*, et dont on a longtemps attendu la solution du problème de la navigation aérienne.

Frappés de la simplicité apparente du merveilleux appareil de locomotion des oiseaux et des insectes, les partisans exclusifs *du plus lourd que l'air* ont sans cesse déclaré qu'il fallait chercher à imiter le vol naturel et renoncer à diriger les ballons que leur volume énorme et leur fragilité semblaient condamner à jouer éternellement le rôle de bouée inerte. Nous venons de voir que cette opinion est trop absolue, mais nous nous garderons

---

(¹) Dans la note communiquée à l'Académie le 23 novembre 1885, je n'avais indiqué qu'une vitesse de 6^m,22 pour l'ascension du 23 septembre ; mais j'avais négligé dans le calcul l'*inertie du loch*. En en tenant compte, on arrive au chiffre de 6^m,50 que nous donnons ici.

bien d'imiter l'esprit de système de nos contradicteurs et nous dirons très franchement que nous croyons, pour l'avenir, à la réalisation d'appareils volants plus lourds que l'air.

Ces appareils auront nécessairement une vitesse bien plus grande que les ballons dirigeables et permettront d'exécuter de grands voyages avec une rapidité incomparable, mais il faudra pour cela réaliser sur les moteurs des progrès si grands, qu'il s'écoulera peut-être bien des années avant que le premier navire volant ait réussi à quitter le sol.

En attendant nous voyagerons en ballon dirigeable; mais il arrivera ceci: les moteurs se perfectionneront sans cesse, les vitesses des ballons augmenteront peu à peu comme ont augmenté les vitesses des navires à vapeur, et un jour peut-être ces vitesses seront telles, que la résistance à vaincre deviendra égale ou même supérieure au poids de tout l'appareil moteur.

A ce moment seulement, on pourra se demander s'il ne vaut pas mieux supprimer le flotteur aérien et employer la force motrice à soulever directement l'appareil. Pour un ballon analogue à *La France*, ce moment critique sera atteint quand la vitesse de l'aérostat sera de 20^m par seconde. Nous sommes bien loin de ce résultat et quand nous y serons arrivés, les ballons dirigeables auront donc rendu d'immenses services. Depuis longtemps ils parcoureront le globe dont ils auront permis d'achever la conquête géographique.

Mesdames, Messieurs,

Je tiens avant de me séparer de vous, à vous remercier de la bienveillante attention que vous avez bien voulu me prêter. Je ne songe pas à en tirer vanité et je ne l'attribue qu'à l'intérêt du sujet dont j'ai eu à vous entretenir.

J'espère vous avoir démontré que le moment est proche où l'homme parcourera librement l'océan aérien, comme il parcourt aujourd'hui l'océan maritime. J'ai la ferme conviction que cette nouvelle conquête de la science peut devenir un jour, pour notre pays, un puissant moyen de relèvement matériel et moral, et pour l'humanité un instrument de paix, de progrès et de liberté.

FIN.

Paris. — Imp. Gauthier-Villars, quai des Grands-Augustins, 55.

www.ingramcontent.com/pod-product-compliance
Ingram Content Group UK Ltd.
Pitfield, Milton Keynes, MK11 3LW, UK
UKHW020042100726
13658UKWH00003B/1493